JN163682

新版 なぞとき恐竜大行進 ⑫

たかしよいち 文
中山けーしょー 絵

パラサウロロフス

なぞのトサカをもつ恐竜

理論社

もくじ

ものがたり……3ページ
およげ！ちびパラくん

なぞとき……47ページ
カモノハシリュウのなかまたち

←この角をパラパラめくると
ページのシルエットが動くよ。

ものがたり

およげ！ちびパラくん

水およぎのれんしゅうだ

ブクブクブクブク……。
水中に水のあわ。
「クワーッ」
ちびはなんだか苦しくなって、
いそいで水の中から、首をつき出した。
とたんに、しっぽを、ぎゅっと
ひっぱられて、ちびはふたたび水の中へ。

とうちゃんが、ちびのしっぽを
くわえて、水の中へひきずりこんだのだ。
この、親子のきょうりゅうの名まえは、
パラサウロロフス。りゃくして「パラ」の
親子とよぶことにしよう。ちびのほうが
「ちびパラ」、とうちゃんが「パパパラ」だ。
ちびパラはなまけもの。ねころんでばかりいて、
ちっとも水およぎのれんしゅうをしないので、
パパパラはおこった。
かあちゃんのママパラにまかしておいてはだめだ。

いっちょう、このおれがしごいてやる、というわけで、パパパラはちびパラをつかまえて、目の前のみずうみへほうりこんだ。

「グワッ、グワグワッ！（いいか、きょうから、およぎのとっくんだ。なまけたら、しょうちしないぞ！）」

パパパラは、ちびパラの頭を、ひらべったい口先で、コツン！　と、つついた。

「グワ！（いてえっ！）」

「グワグワ！（さあ、おれのあとに、ついてこい）」

パパパラは先にたって、水の中を、すいー、

すいーと、およいでいく。

ちびパラは、パパパラのあとについておよいだ。
広い広いみずうみの岸では、ママパラやなかまの
パラサウロロフスたちが、パパパラの
とっくんぶりを、たのもしそうにながめていた。
（ちっ、おれは水およぎなんて、きらいだ。
なんで、水の中にはいらなきゃいけないんだ）
ちびパラは、ふくれっつらをしながら、しかたなく、
パパパラにならって、およぎのれんしゅう。
「グワア！（敵が来たら、思いっきり水の中へもぐれ、
頭がかくれるくらい、もぐるんだ！）」

パパパラはそういって、自分からもぐってみせた。
からだを、水の中へすっかりかくすことで、
おそってきた相手の目をくらますことができる――
パパパラは、そんなことをちびパラに教えたのだ。
だが、それはなかなかむずかしい。いっきにはできない。ちびパラはこわくて、からだがぶるぶるふるえた。
ブクブクブクブク……。
パパパラが、もぐった。
ブクブクブクブク……。

ちびパラがもぐった。

ちびは水がきらいだから、すぐに水の上に頭を出す。そのたびにパパパラは、ちびのしっぽをつかまえて、水の中にひきずりこんだ。

なんどか、そんなことをくりかえしているうちに、ちびはどうにか、もぐりができるようになった。

「グワー（いいか、水の中では、ちゃんと目をあけるんだ）」

パパパラはちびパラにいった。ちびパラは、きらいな水の中では、しっかり目をつぶっていたが、パパパラにいわれて、おそるおそる目をあけた。

ふわーっ、見える見える。ゆらゆらゆれる水草、すいすいおよぎまわる魚たち。

ちびパラは、なんだか楽しくなって、小魚たちを追っかけ、ふかい水の中へ、どんどんおよいでいった。

小魚たちは、びっくりして、ぱっと四方にとびちった。

「へっへっへっへっ……ちびパラさまのお通りだぞ！」

とでもいうように、ちびは大いばりだ。

すると、水草のしげみから、とつぜん大きな口が、ちびパラめがけて、パクッ！

ちびパラは、ギョッとしてとびのいた。

そいつは、ちびパラの二倍はありそうな、でっかい魚。
そのクワッ！ と開いた大口を見ただけで、
ちびはからだじゅうがしびれた。

ちびパラは、大あわて。

くわばらくわばら。水の中だからって、あんしんできないぞ。ちびパラは、やっと気がついた。

ダスプレトの殺し屋が来た！

パパパラとちびパラが、みずうみでおよいでいると、向こうから、でっかいやつが、せわしそうにやって来た。

せなかにこうらをのせた、ジャンボガメの

アーケロンだ。こうらの長さだけで、四メートルはある。

アーケロンは、いまのカメのように、首や手足をこうらの中にひっこめることはできない。

「プワプワプワプワ……」

アーケロンは、パパパラの耳もとで、首をふりふり、なにやらささやいた。

「岸の近くには、デイノスクスのやつがうろついてるから、注意しな」

アーケロンのじいさんは、そんなことをいったのだ。デイノスクスというのは、からだの長さが一五メートルもある、おばけワニだ。

「ありがとうよ。せいぜい気をつけるよ！」

パパパラは、アーケロンじいさんに、
おれいをいい、
「さあ、きょうはこれまでだ。
早く岸にあがれ」
と、ちびパラにいった。
「グワー（とうちゃん、おれまだ
およいでいたいよ）」
「グワッ！　グワグワッ！（だめだめ、
さっさとあがれ。デイノスクスに食われても
いいのか）」

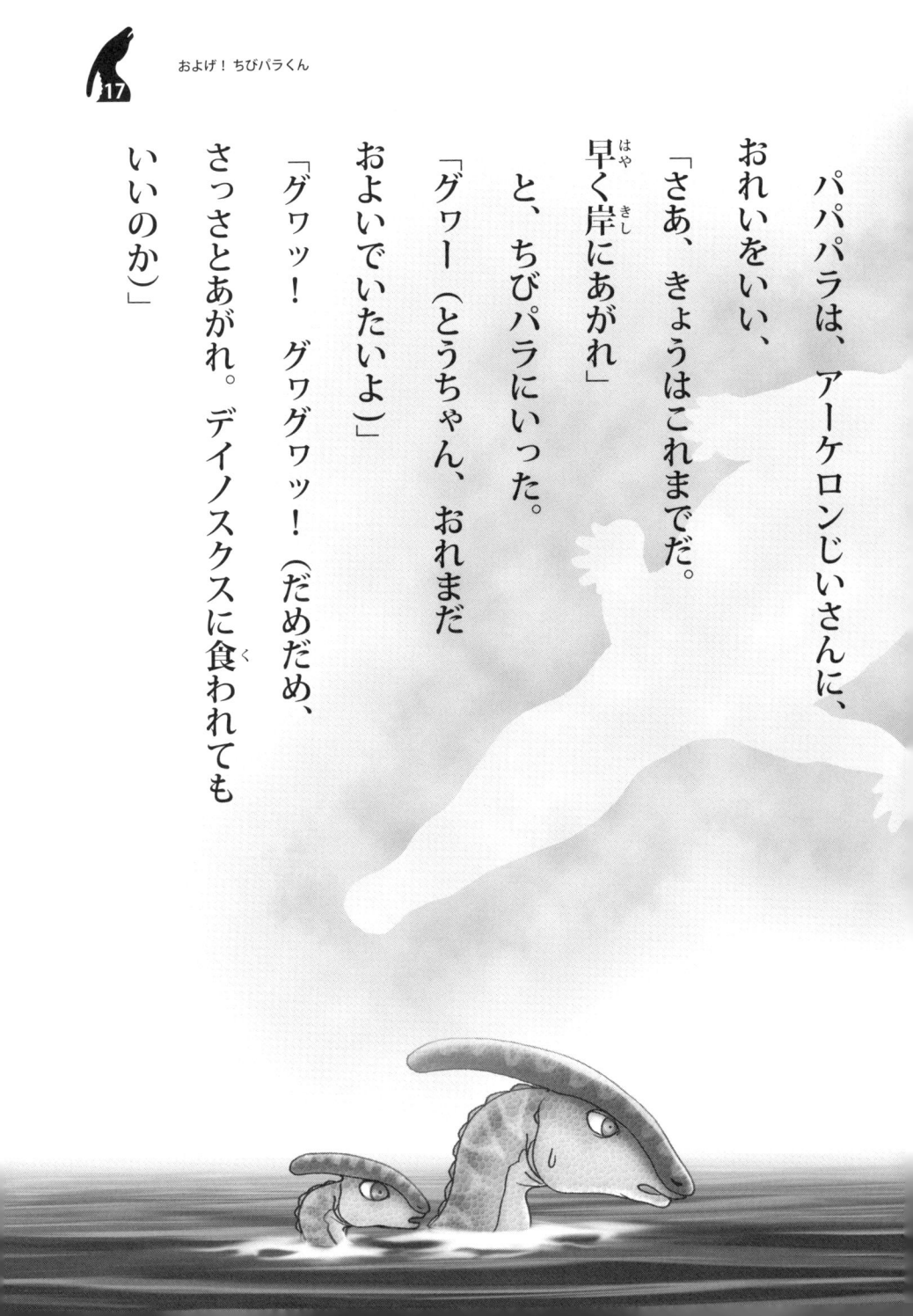

パパパラは、おこった声でいった。おとなって、なんて勝手なんだ。さっきまでは、およげおよげと、水の中にひっぱりこんでおきながら、こんどは、およぎをやめて早くあがれだって……まったくおかしいよ。

ちびパラはそう思った。だが、さからうとまた頭をコツン！　とやられるから、さからったらそんだ。

ちびパラは、いわれるままに、ママパラたちのいる、みずうみの岸へ向かった。ところが二ひきが、岸にあとすこしというとき、岸では、どえらいことがおこった。

水べの草むらで、からだを休めて
いるパラサウロロフスたちをねらって、
ダスプレトサウルスが、こっそりと
しのびよってきたのだ。

ダスプレトサウルスは、からだはティラノサウルスより小さいが、ゴルゴサウルスによくにていて、とても気性のはげしい、らんぼうものの肉食きょうりゅうだ。でっかい口には、えものをひきさく、するどいきばがならんでいる。

ダスプレトサウルスは、風下からしげみをつたって、こっそりこっそり、足音をしのばせて、近づいてきた。

ああ、いかん！　いかん！

パラサウロロフスたちは、

みずうみのほうにばかり
目を向けて、ダスプレトサウルスの
やつがしのびよってくるのに、
気がつかないでいるんだ。
「グアーッ！（にげろ！）」
パパパラが、みずうみのほうから、
大声でどなった。
その声に、岸べにいたパラサウロロフスの
なかまたちは、いっせいに、水の中へとびこんだ。
いけない！　すこしはなれたしげみの中で、ひるねを

していた、子どもが二ひき、にげおくれた。

グオーッ！

ダスプレトサウルスは、すごいうなり声をあげて、子どもを追っかけた。子どもは、みずうみに向かって、けんめいに走る。

ダスプレトサウルスはジャンプした。そして子どもをつかまえようとした。だが、そのときだ。水の中にいた子どものかあちゃんが、水からはい出してきて、ダスプレトサウルスにとびついた。

ガシーン！

二つのからだが、はげしくぶつかった。でっかいからだのかあちゃんも、ダスプレトサウルスのからだも、ともにはねとんだ。

ジャブーン！

水しぶきをあげ、ダスプレトサウルスは、みずうみの中へ落ちた。

およげないダスプレトサウルスは、あわてて水からはい出そうとした。

だが、パラサウロロフスのほうだって、じっとしていない。

パパパラは、岸にはいあがろうとする
ダスプレトサウルスのしっぽをくわえて、
力まかせにひっぱった。
「グワーッ！」
ひめいもろとも、相手のからだは
水の中へ、ズズズズ、ズーン！

「このやろうめ！　ただじゃおかんぞ」

水の中ににげた、パラサウロロフスのなかまたちは、水にはいり、じたばたもがく、ダスプレトサウルスの手足をひっぱり、はらにかみつき、のどにくらいついた。

ちびパラときたら、そいつの鼻っつらを、力まかせにガブリ！　とかんだ。

「クーッ！」

さすがのあばれんぼうも、水の中では、どうにもならない。ガブガブ水を飲み、息がつまって、たちまちおぼれ死んだ。

「やった、やったあ！」

パラサウロロフスのなかまたちは、いつもひどい目にあっていた、ダスプレトサウルスをやっつけて、みんな大よろこびだ。

首を高く空にのばし、勝利のラッパをふき鳴らした。

プププププ……。

プププププ……。

頭の上から長くとび出した、パラサウロロフスの鼻のラッパが、晴れわたった空に、鳴りひびいた。

頭の上のトサカは、だてやかざりにあるんじゃない。
なかまたちをよびあつめたり、あいずをしたりする
ときにも使う、ラッパの役目もするんだぞ。
「グワグワグワ（さあみんな、こんなところは
おさらばだ。あっちの岸へ行こうぜ）」
パパパラは、なかまに向かってよびかけた。
パパパラは、パラサウロロフスのむれのかしらだ。
「行こう、行こう！」
なかまたちは、パパパラのあとにつづいて、広い広い
みずうみの中を、反対の岸べに向けておよいでいった。

向こう岸にはきっと、おいしい草のしげみがあるはずだ。

デイノスクスが来たぞ！

「グワグワグワ（デイノスクスには気をつけろよ。やつがまた、このあたりをうろついているらしいからな！）」

パパパラは、なかまたちにいった。

パラサウロロフスたちは、みずうみや大きな川をわたるときは、先頭のなんびきかが、ときどき水の中にもぐって、ようすを見ながら進む。

いつなんどき水中から、おそろしい敵が、おそってこないともかぎらないからだ。

子どもは、みんな、かあちゃんに守られ、かあちゃんのあとについてわたる。

それなのに、ちびパラときたら、パパパラのとっくんをうけて、およぎやもぐりが、すこしばかりうまくなったのをいいことに、なかまのいちばんうしろを、ひとりでわたっていた。

ちびパラはとくいになって、水の中にもぐった。魚たちが水の中を、あっちにこっちにと、およいでいる。

「やいやいやいやい、ちびパラさまのお通りだぞ。どけどけ、どけえーっ！」

ちびパラはいい気になって、小魚たちを追いまわした。

そのうち、気がついてみたら、なかまのかげは、どこにもない。

しまった！

ちびは、いそいで水の上に頭を出した。ところが、まわりはすごい雨。すっかりけぶって見えない。

「グワグワグワ（とうちゃーん、かあちゃーん！）」

ちびパラはさけんだが、どこからもへんじがない。

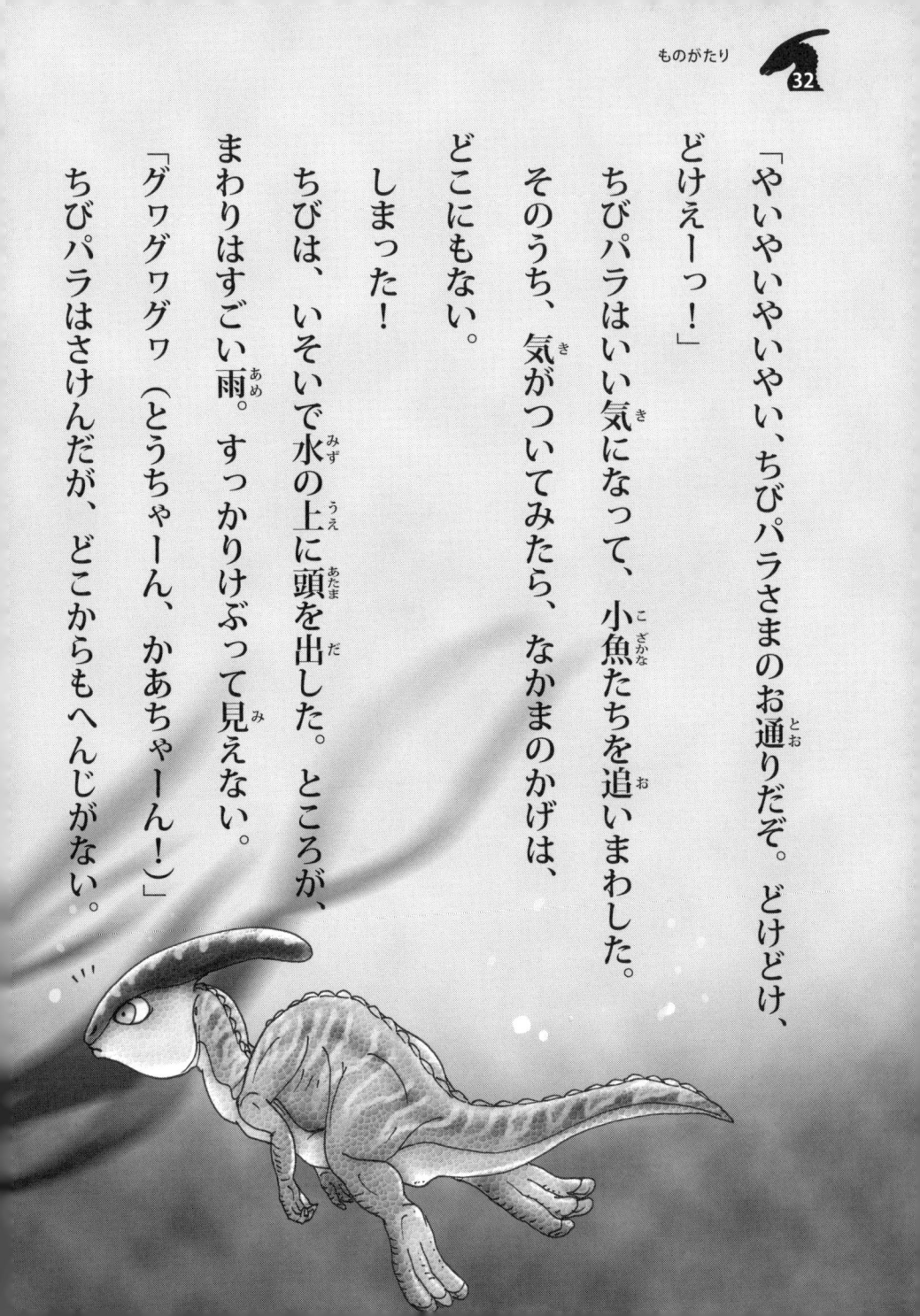

ちびパラは、また水中にもぐってみた。
と、そのとき、向こうから、黒い長い
大きなものが、ずんずん、こっちへ
向かっておよいでくるのが見えた。

からだの長さが一五メートルもある、水中ギャングのデイノスクスだ！

ちびパラは、ギクッ！ からだじゅうが、がたがたふるえた。

ちびパラはいそいで、反対のほうへにげた。

だが、もう相手は、すばやくちびパラを見つけていた。

「おう、ひさしぶりに、おいしいごちそうを見つけたぞ。やわらかくて、食いでのあるごちそうだぞ。こいつはありがたい！」

デイノスクスの、するどい目玉がギラリと光り、大きな口をバクッ！　とひらいた。そして、ちびパラめがけて、まっすぐに水中をつっ走ってきた。

もしそのとき、あのアーケロンじいさんがあらわれなかったら、ちびパラは、あっというまに殺し屋につかまり、食べられてしまったにちがいない。

殺し屋が、ちびのすぐうしろにせまり、大きな口をパクッとあけて、ちびパラに食いつこうとしたとき、ななめ横から、大きなかげが、さっととびこんできた。

アーケロンだ。アーケロンのじいさんが、いまにもちびパラに食いつこうとした、

殺し屋デイノスクスの頭に、ガクーン！
と、体あたりをくらわせたのだ。
いっしゅん頭がクラクラッとし、目まいをおこした
殺し屋は、すぐに気をとりなおして、じゃまものの
アーケロンを追っかけはじめた。
アーケロンは、からだはでっかいが、およぎはうまい。
広い水中を、上に下に、ななめに横にと、自由じざいに、
およいでにげた。
頭に血がのぼった殺し屋は、ひっしでアーケロンを追った。
が、たちまち、すがたを見うしなってしまった。

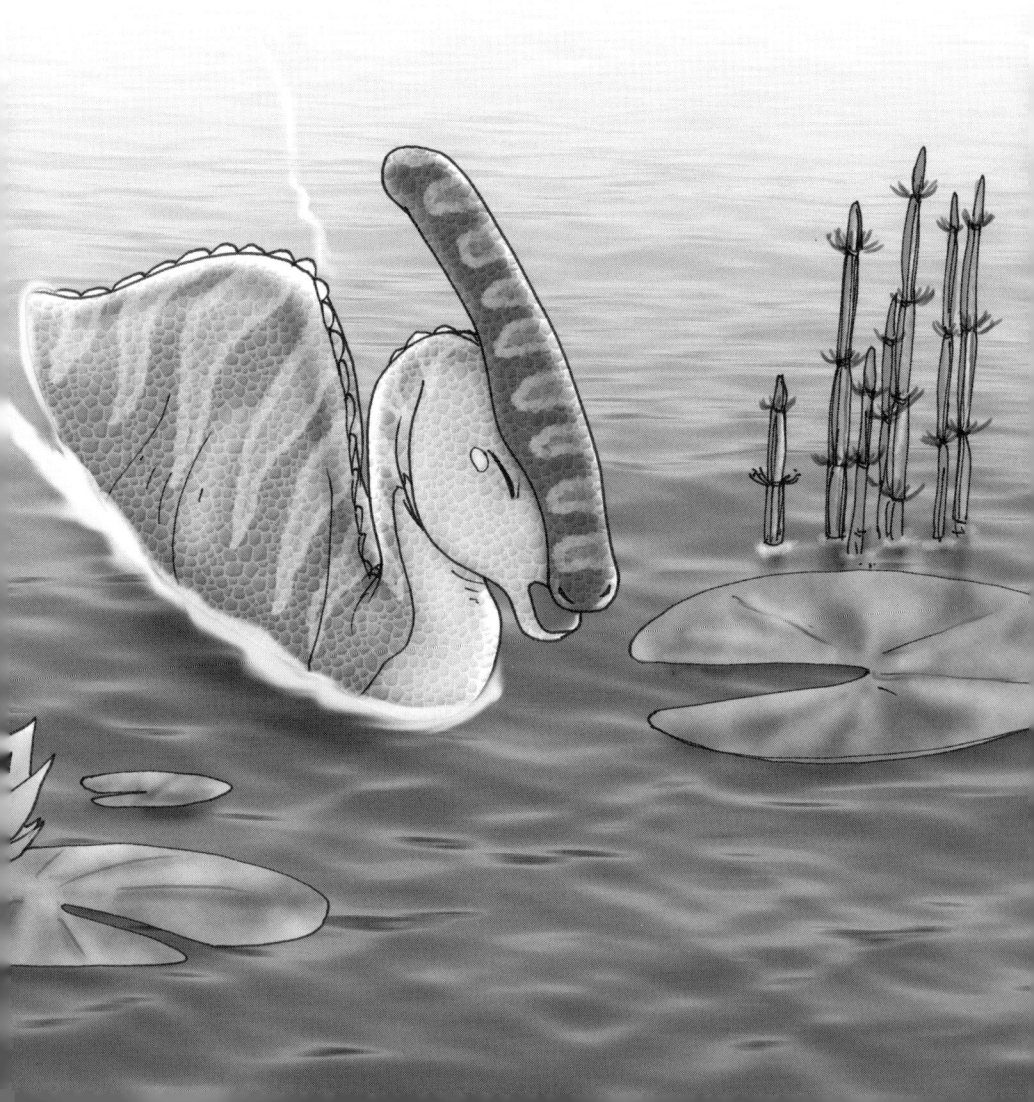

そのあいだにちびパラは、岸べをめざして、いのちがけでおよいでいった。あんなにおそろしい目にあったのは、はじめてだ。これからはぜったいに、パパパラやママパラのいうことを聞こう。ちびパラは、そんなことを思いながら、岸べをめざした。

やがて、雨のあがった向こうに、緑の木のしげる岸が見えた。

「ああ、よかった。たすかった！」

ちびパラは、ほっとひとあんしん。きっと、とうちゃんやかあちゃんたちは、しんぱいしているだろう……。

とうちゃんからまた、コツンと頭に一発くらうだろう……。
だけど、おれがわるいんだ。くらっても、しかたがない。

コリトサウルスがいた

グワーッ！　岸べの草むらでは、近づいてきたちびパラを見つけて、声がした。

だが、おや？　……それは、ちびパラのなかまのパラサウロロフスじゃない。からだつきはよくにているが、頭のかっこうがちがう。

頭のてっぺんには、とんがりぼうはない。
まるでヘルメットをつけたような、
かっこうをしたきょうりゅうだ。
そいつの名はコリトサウルス。

「グワグワッ！（やれやれ、どうも、
まいごのパラサウロロフスのようだな）」
コリトサウルスたちは、岸べにおよぎ
ついたちびパラのところへかけよってきた。
ちびパラは、コリトサウルスにかこまれ、
なきだしそうな顔で、おろおろ、どきどき、
「グワーッ！（かあちゃん）」と、ないた。
「グワグワグワ……（よしよし。きっと、
みずうみをわたるとちゅうで、まいごに
なったのね。しんぱいしなくていいよ。

わたしたちが、なかまをさがしてあげるからね）」

やさしい、めすのコリトサウルスが、ちびパラの鼻づらを、ペロペロなめて、なぐさめてくれた。

子どものコリトサウルスたちは、ものめずらしそうに、ちびパラをながめていたが、そのうちに一ぴきが、やわらかくておいしい水べの草をくわえて、ちびパラのほうへさし出した。

「グワ！（さあ、なかないで、お食べ！）」

と、そこへ、のそのそ、のそのそ、アーケロンのじいさんが、水の中からはいだしてきた。

「いた、いた。わんぱくぼうずを、
やっと見つけたぞ」
　アーケロンのじいさんは、そう
いいながら、みんなのところへ
やって来た。
「みなさんごくろうさん。このちびはね、
あっちの岸にいる、パラサウロロフスの
なかまの、まいごだよ。あぶなく
デイノスクスに、食べられそうに
なったのを、このわしが見つけてね。

わしが、なかまのところへ、つれてって
あげるよ」
「そりゃ、ありがたい。ぜひ、そう
ねがいたいね」
コリトサウルスたちは、みんなほっとした。
「さあ、ぼうや、わしの背中に乗りな。みんなの
ところへ、つれてってやるよ。だが、いいかい。
これからけっして、自分勝手はいけないよ」
そういいながら、アーケロンのじいさんは、
ちびパラを背中に乗せた。

「グァー（ありがとう）」

ちびパラは、コリトサウルスたちとじいさんに、おれいをいい、じいさんの背中に乗った。

広い広いみずうみを、ちびパラを乗せたアーケロンのじいさんは、すーっ、すーっと、すべるようにおよいでいく。

（早く、とうちゃんやかあちゃんにあいたい）

ちびパラは、そんな思いでいっぱいだ。だが、きっと、とうちゃんの、おしおきの一発が、待っているだろう。

なぞとき

カモノハシリュウのなかまたち

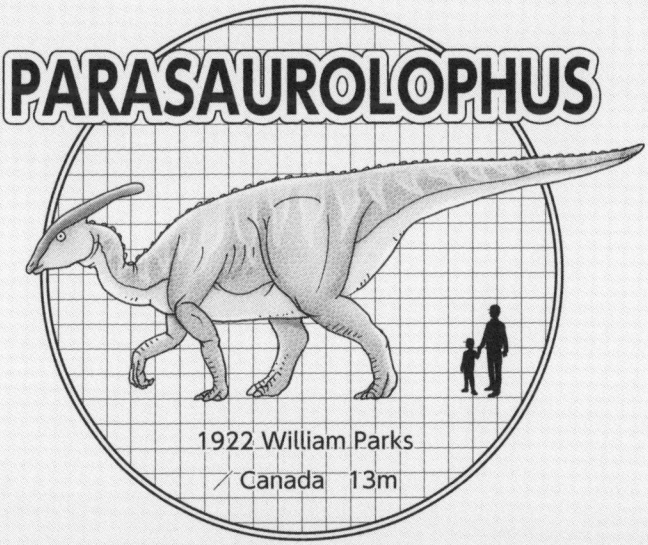

カモノハシリュウのすがた

やんちゃな「ちびパラ」、パラサウロロフスのものがたりはいかがでしたか。

ものがたりにつづいて、パラサウロロフスをはじめ、この本に登場したきょうりゅうやそのほかの生きものたちについてお話を進めましょう。

パラサウロロフスは、たくさんいるきょうりゅうの中では、「カモノハシリュウ」（ハド

カモノハシリュウとカモノハシ。大きさはずいぶんちがいます。

ロサウルス科）にぞくしています。

カモノハシリュウは、その名のように、口の形が、オーストラリアにいる動物のカモノハシに似ているところから名づけられました。しかし口の中には、ちゃんと歯がありました。たとえば、カモノハシリュウのなかま、サウロロフスの上下のあごには、まるでクシの歯をならべたような、二〇〇〇本の歯がありました。

うしろ足はたくましく、太くてじょうぶな尾によってささえられていました。古生物学

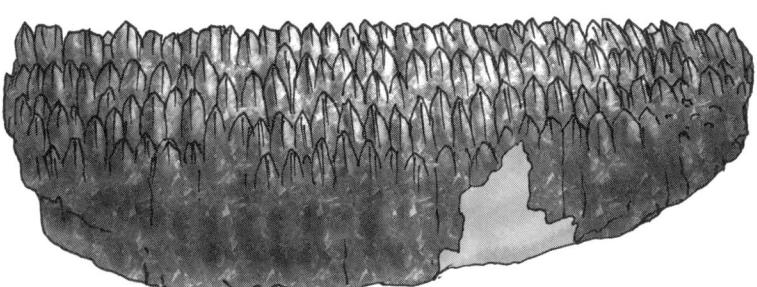

ハドロサウルス類の歯は「デンタル・バッテリー」という、たくさんの歯が集まった形をしています。上の歯がすりへると、下からはえてきた新しい歯に次々と入れ替わり、いつでも効率よく植物をかみくだけました。

者の中には、この尾は水中でおよぐときに、かいの役目をはたしたのではないか、という人もいました。

うしろ足にくらべて前足はひじょうに小さくてみじかく、木の葉などをつかむときに使ったと思われます。

カモノハシリュウには、頭のてっぺんがたいらになっているものと、中がパイプのようにからになったつのや、ヘルメットのようなトサカをつけた二つの種類がいました。

たいらな頭のものには、ハドロサウルス、

エドモントサウルス（トラコドンともいう）、マイアサウラ、シャントゥンゴサウルス（「山東のトカゲ」の意）などがいます。

そのなかでマイアサウラについては、このシリーズの一さつ『マイアサウラ』に、くわしく書いてあるので、そちらをごらんください。

シャントゥンゴサウルスは、一九八八年の夏に岐阜県でひらかれた「岐阜中部未来博覧会」のときに、全身の化石が展示され、入場者をびっくりさせました。

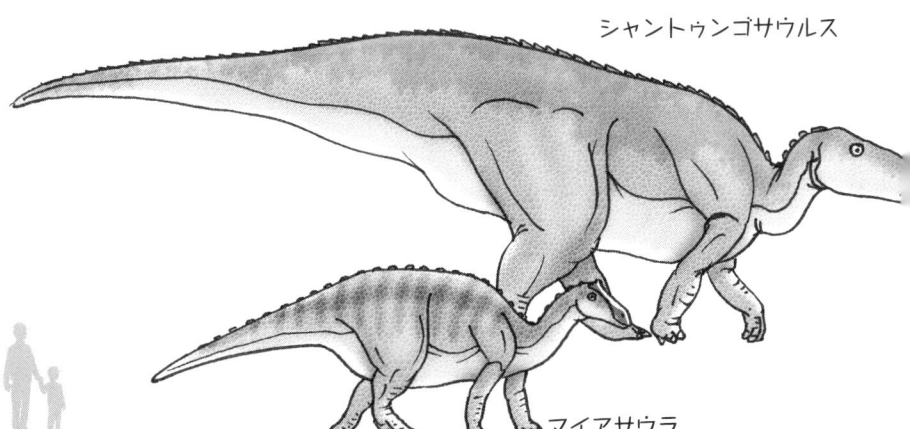

中国からはるばる海をわたってやって来た本物をひと目見ようと、おおぜいの人たちがおしかけました。

シャントゥンゴサウルスは、中国の山東省莱陽県で発見された、世界でもっとも大きなカモノハシリュウです。

頭から尾の先までの長さが一五メートル、立ったときの高さが八メートルもありました。

シャントゥンゴサウルスは、いまからおよそ九〇〇〇万年前（中生代・白亜紀）にすんでいたきょうりゅうです。

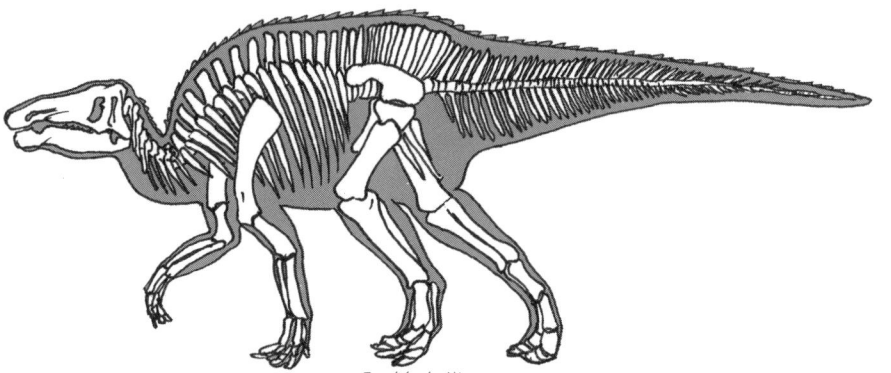

シャントゥンゴサウルスの骨格模型

ところで、日本でも一九八六年に、シャントゥンゴサウルスのなかまではないかと思われる骨の一部が見つかり、「ヒロノリュウ」と名づけられました。

場所は、福島県双葉郡広野町。ただし、化石はわずかな背骨と一本の歯だけで、はっきりしたことはまだよくわかっていません。

また、昭和のはじめに、そのころ日本領土だった樺太（サハリン）で、長さ三・五メートルほどの小さなカモノハシリュウが発見され、「ニッポノサウルス」と名づけられました

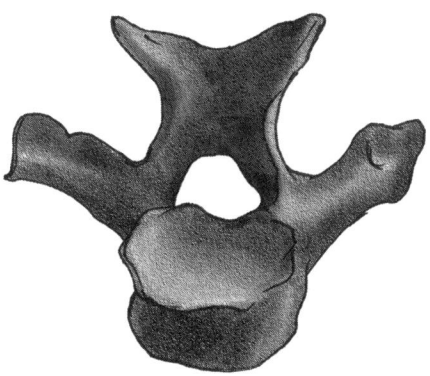

が、古生物学者は、つぎにのべるハドロサウルスのなかまではないかと考えています。

アメリカやカナダでは、カモノハシリュウの化石は、たくさん発見されていて、なかでも有名なのがエドモントサウルスと、ハドロサウルスです。

およぐことができたか

エドモントサウルスは、アメリカ北部のモンタナ州やニュージャージー州、そしてカナ

化石が発見された主な場所

ダのアルバータ州で発見されています。アルバータ州・エドモントン層からほり出されたのでその名まえがつけられました。アナトティタン（「巨大なカモ」の意）もおなじなかまです。

大きいのは一三メートルもありました。

一九〇七年に、アメリカのカンザス州で発見されたアナトティタンは、「ミイラ化石」とよばれるめずらしいものでした。

ひふの一部と、手の指、うしろ足の指には水かきがあり、尾には、ワニのようにがんじ

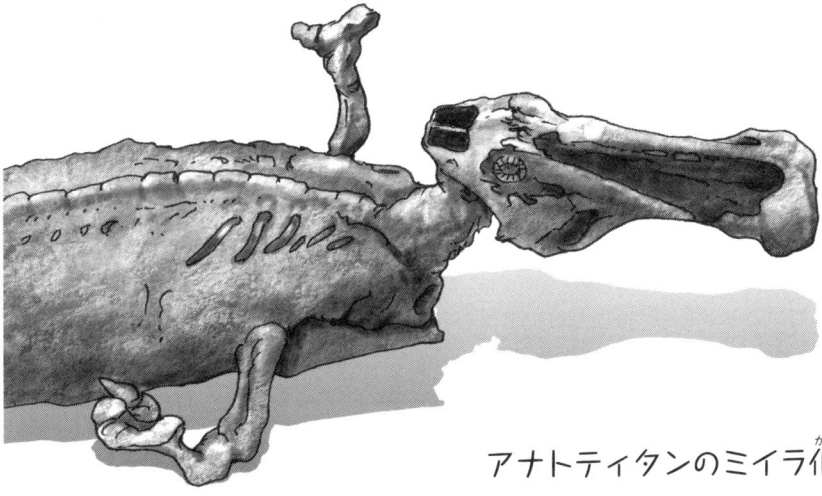

アナトティタンのミイラ化石

ょうなきん肉があることがわかりました。

この発見によって、カモノハシリュウのなかまは、水中でおよいだ、と思われていたのです。

ところが、のちになって、古生物学者のバッカー博士は、この水かきのように見える指のあいだのまくは、水かきではなく、かわいたところを歩くとき、足のうらを守るための、ひふのふくろだ、という考えをあきらかにしました。

そのうえ胃ぶくろからは、松の葉や、マッ

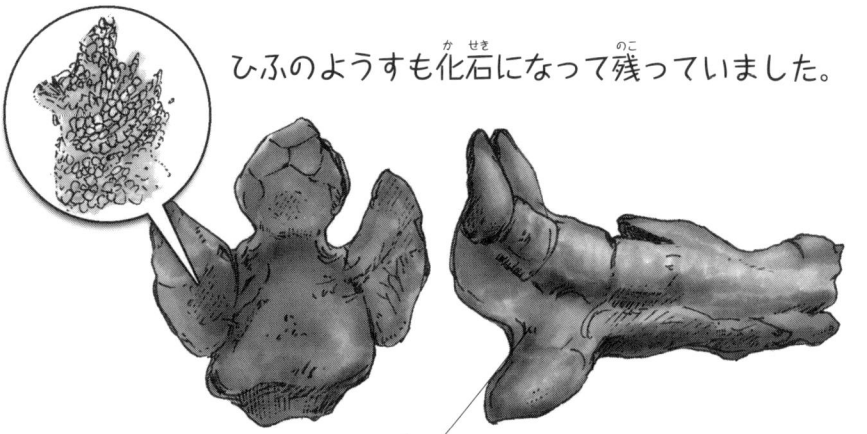

カサ、ポプラの葉、草や木のたねなども見つかり、どんなものを食べていたかも、わかりましたが、水草はありませんでした。

もし、それが正しいとすると、カモノハシリュウがおよいだという話は、なりたたなくなってしまいますね。

ハドロサウルスは、大きなトカゲという意味で、大きいのは一〇メートルもあり、目の前に太いコブがありました。エドモントサウルスとおなじ、白亜紀の終わりごろに、アメリカやカナダにすんでいました。

トサカをもったきょうりゅう

つぎに、頭にパイプのようなトサカをもったカモノハシリュウのなかまについて、しょうかいします。

このなかまには、この本のものがたりの主人公、パラサウロロフスのほか、コリトサウルス、ヒパクロサウルス、ランベオサウルス、チンタオサウルスなどがいました。

そのほかにも、頭のうしろにトゲのように

つき出たサウロロフスという、カモノハシリュウもいましたが、サウロロフスの頭のトゲは、中がからになっていませんでした。

一九八一年の夏、東京をはじめ、日本の各地で「中国恐竜展」がひらかれましたが、そのとき、チンタオサウルス（「青島のトカゲ」という意味）の全身の骨がかざられ、みんなをびっくりさせました。

チンタオサウルスは、先にあげたシャントゥンゴサウルスとおなじ、中国山東省の莱陽県で発見された、たいへんめずらしいカモノ

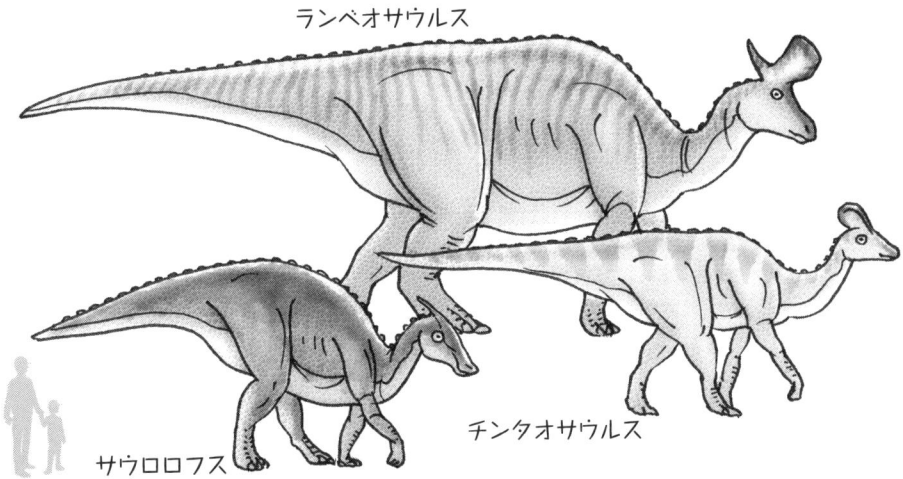

ハシリュウです。

このきょうりゅうは全長が一〇メートル、うしろ足で立ちあがった高さは六メートルで、体つきは、ほかのカモノハシリュウに似ていますが、ちがっているのは頭にあるトサカです。

チンタオサウルスには、両方の目のあいだからまっすぐ上につき出した、長いトサカがありました。このトサカの中はパイプのようにからになっており、鼻のあなにつながっていました。

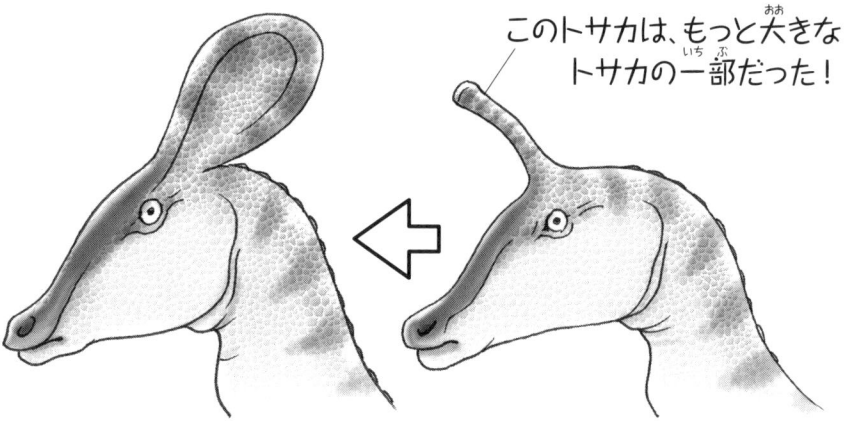

2013年、チンタオサウルスのトサカについて、新しい説が出てきました。

そんなことから、あとでお話しするパラサウロロフスのトサカとおなじように、水にもぐったとき、シュノーケルのような役目をしたのではないかと考えられ、「ニンジャきょうりゅう」とよばれたこともありました。

でも、よく調べてみると、トサカのパイプは上がふさがっており、シュノーケルとしては使えないことがわかりました。

だから、かりに水中にもぐったとしても、長い時間もぐることは、とてもむりでした。

さてカモノハシリュウのトサカには、いろ

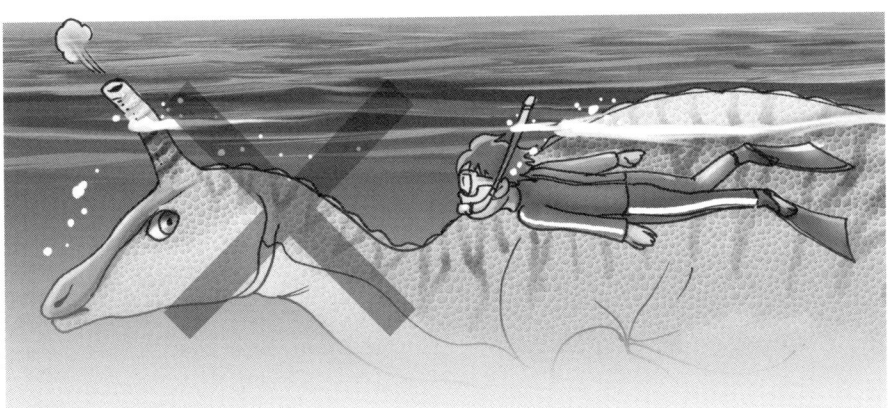

どちらにしてもシュノーケルとしては使えなかったようです。

いろと形のちがったものがありました。

コリトサウルスのトサカは、ヒクイドリのトサカのようにヘルメットの形をしていました。「コリトサウルス」というのは、「ヘルメットトカゲ」という意味です。

体の大きさは一〇メートルほどで、重さは約四トン。化石はカナダのアルバータ州から発見されています。

この本のものがたりでは、ちびパラが、みずうみでまいごになり、ようやく岸にたどりついたとき、そこにいたのが、コリトサウル

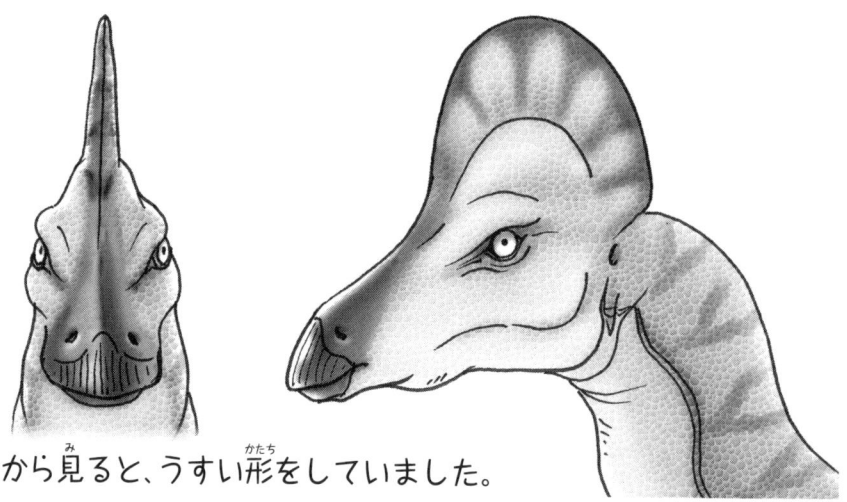

前から見ると、うすい形をしていました。

スでした。

コリトサウルスたちは、ちびパラをなぐさめ、めすがちびパラの鼻をなめて、「よしよし、きっとみずうみをわたるとちゅうで、まいごになったのね。しんぱいしなくていいよ。わたしたちが、なかまをさがしてあげるからね」といいましたね。

ところが古生物学者のなかには、コリトサウルスというのは、じつはパラサウロロフスのめすなのだ、という意見がありました。

もしそうだとすると。おとうさんがパラサ

ヒクイドリも、よく似た形のトサカをもっています。

ウロロフスで、おかあさんがコリトサウルス。つまり、トサカの形によって、おす、めすがちがうということになります。

でも、研究が進むにつれて、それはどうやらまちがいであることが、わかりました。

ただし、おなじなかまでも、おすとめす、おとなと子どもでは、その形がいくらかちがっていました。

下の図を見てください。(1)(2)(3)ともに、ランベオサウルスの頭のトサカです。(1)がおす、(2)がめす、そして(3)が子どもです。

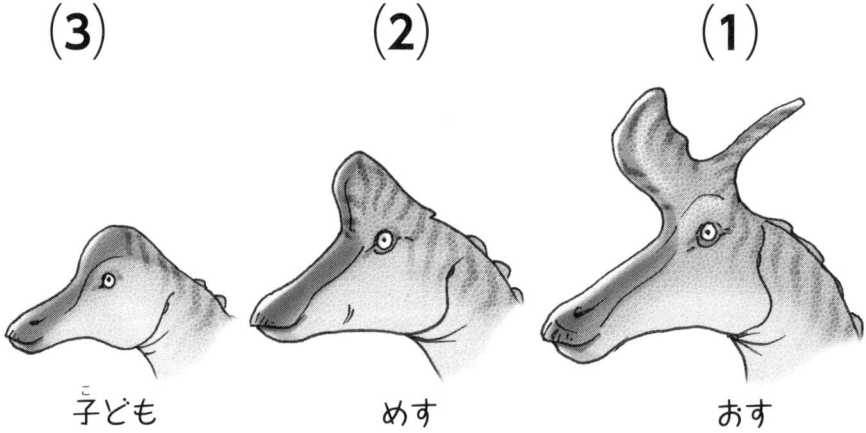

ランベオサウルスのおすのトサカは、ちょうどマサカリのような形をしていますが、めすは、おすにある、うしろにとがったつき出しはありませんし、子どもは、コリトサウルスのトサカに似ています。

ランベオサウルスは、カモノハシリュウのなかでは、大きな体つきをしており、長さはなんと一五メートルもありました。

つぎに、ヒパクロサウルスについて、お話ししましょう。

ヒパクロサウルスは、カナダのアルバータ

ヒパクロサウルスの復元模型

州で発見された、トサカの形がコリトサウルスに似たきょうりゅうです。体の長さは、およそ九メートル、体重は約四トンでした。

ヒパクロサウルスは四つ足ではあるが、子どものときや急ぐときには、カンガルーのように、よく発達したうしろ足と、ふとい尾ではずみをつけて、ぴょんぴょん、はねるようにして歩いたり走ったりしていた（図①）のではないか、と古生物学者はいいます。

この絵を見ると、なんとなく、カンガルーを思いだしますね。カモノハシリュウのなか

①

まは、みんなこの絵のように、四つ足で走ったり、図②のようにうしろ足で立ったと、いまでは考えられています。

パラサウロロフス

いよいよ、この本の主人公であるパラサウロロフスについて、お話をしなければなりません。

パラサウロロフスということばは、前にちょっとだけふれたサウロロフス（「つき出し

②

のあるトカゲ」の意）に「近い」という意味です。

サウロロフスは、頭のうしろからつき出した、とげをもっていましたが、そのとげのなかは、パイプのようなからではありませんでした。いっぽう、パラサウロロフスのほうには、頭から長さが二メートルほどものびた、長いパイプのトサカがありました。

だから、サウロロフスとくらべて、ちがっている、という意味なのです。

パラサウロロフスの骨の化石は、カナダの

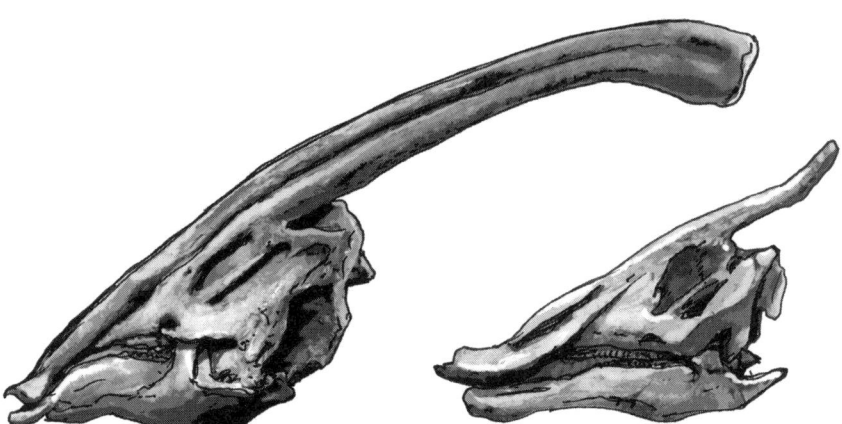

パラサウロロフス　サウロロフス

アルバータ州や、アメリカのユタ州などから発見されており、体の長さは一〇～一三メートル、体重は四トンほどの大きさでした。

ほかのカモノハシリュウとおなじように、およそ八〇〇〇万年前から六五〇〇万年前ごろの白亜紀の終わりに、北アメリカを中心にすんでいました。

ところで、パラサウロロフスのなかまたちについている頭のトサカは、いったいなんの役割をしたのでしょう。

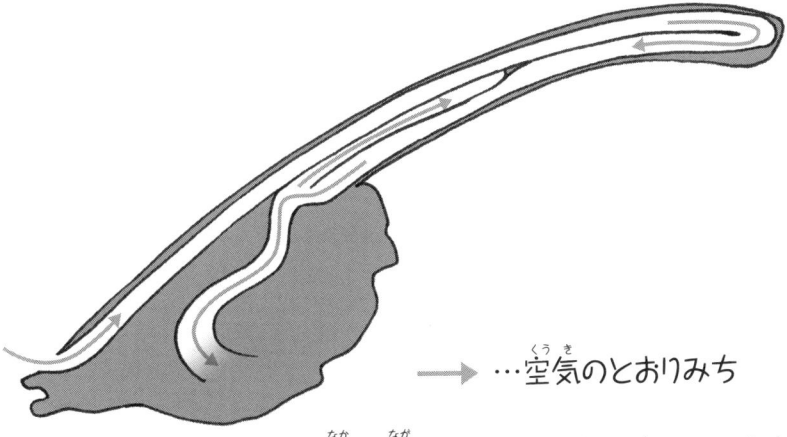

パラサウロロフスのトサカの中は長いパイプのようになっています。

トサカの役目

先ほど、チンタオサウルスのところでお話ししたように、カモノハシリュウの長いトサカは、水中にもぐるときのシュノーケルのような役目をした、と考えられていましたが、いまでは、それはまちがいであることがわかりました。

また、水にもぐるとき、長いパイプに空気をためて、水の中で呼吸するときに使ったの

ではないか、という考えもありましたが、かりにそうだとしても、それはわずかの量にすぎず、長いあいだ水中にもぐることはできなかったこともわかっています。

ものがたりの中で、パパパラとちびパラが水にもぐるれんしゅうをしますが、それは、ちょっとのあいだ水中にかくれるのと、ワニなど、水中からおそってくる敵を、見はるためにすぎません。

だからといって、カモノハシリュウが、まったくおよがなかったことにはならないでし

よう。

これまで、古生物学のうえでは、カモノハシリュウの手足の指の水かきや、長い尾は、およぐときのかいの役目をはたしたのではないか、といわれていました。

この本のものがたりも、そうした考えをとりいれて書きました。

ところがいまでは、手足は肉のクッションだったことがわかり、水かきとしては使えなかっただろう、ということがわかってきました。

カモノハシリュウのトサカについても、さまざまな意見があります。

まず、においをかぐための役目をした、という考えです。つぎに、しげみの木の葉や枝をかきわけるためのものだ、という説もあります。ヒクイドリというトサカをもったトリは、トサカを使って、しげみをおしわけて進みます。

カモノハシリュウのトサカは、なかまだけにつうじる音を出す共鳴器官だった、という意見もあります。

きけんがせまったときなどに、すばやくなかまに知らせるために、トサカのパイプを使って音を出したというのです。

アメリカの古生物学者は、じっさいにおなじ模型をつくり、実験しました。

おすがめすをよぶときに、とくべつの音を出したのだ、という人もいます。また、音だけではなく、頭のかざりの役目もしたのだという説もあります。長いトサカは、おすがめすをひきつけるための、かざりだったのではないか、というのです。

トサカの下に まくのある復元モデルもあります。

これまで化石のうえでわかったことは、おすのトサカが、めすのトサカにくらべて、だんぜん長く、トサカが長いのがおすだということです。

それにしても、そのトサカが、ほんとうはどんな役目をはたしたのか、だれもが知りたいところです。これから研究が進むことで、いろいろとわかってくるでしょう。あなたもひとつ考えてみてはいかがですか。

この本のものがたりでは、パラサウロロフスは水中をおよぐことができ、しかも、ちょ

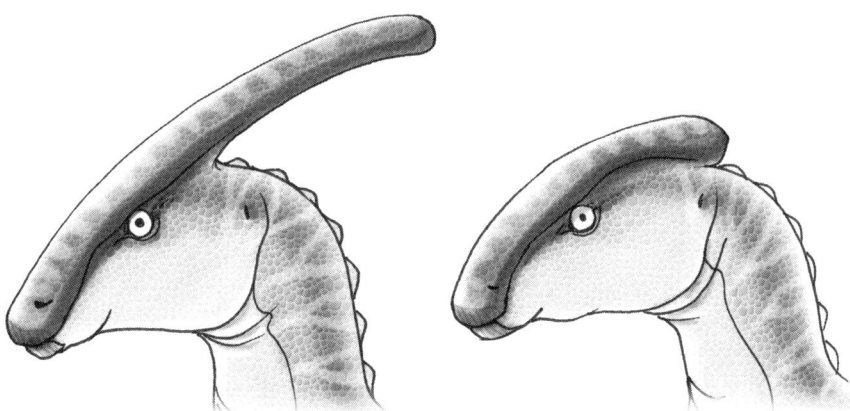

おす　　めす

っとくらいは水の中にもぐれた、という考えをとりました。

前にも書いたように、水の中へはいっておよぐいじょうは、水中の敵を見はるためにも、少しぐらいもぐることはしたでしょう。

また、頭の上にのびた長いトサカで音を出し、なかまをよびあった、という考えにもとづいて、ダスプレトサウルスをやっつけたとき、みんなでトサカのラッパをふきならすところが出てきましたね。

はたして、そうであったかどうかはわかり

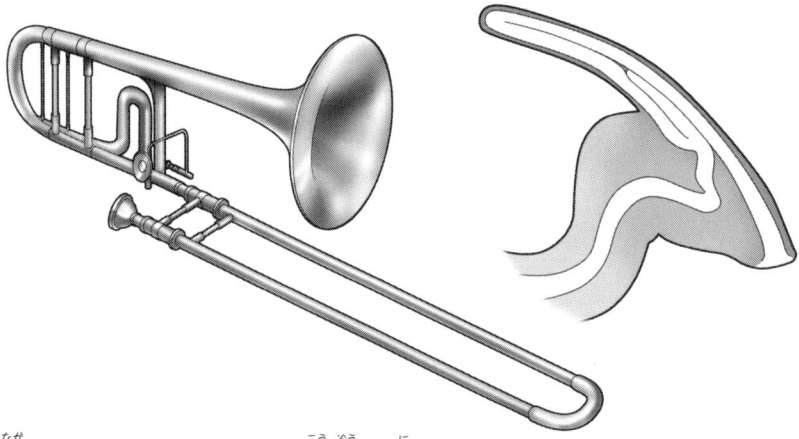

長いトサカは、ラッパの構造に似ていますね。

ません。あくまでも、お話と思っていただきましょう。

それにしても、おなじカモノハシリュウの中に、いろいろとちがったトサカのきょうりゅうがいたことは、なんとも、おもしろく、ふしぎですね。

カモノハシリュウは、いまでは陸上でくらし、草を食べたきょうりゅうと考えられていますが、草だけでなく、ときには水中の巻貝や、カラス貝なども食べたのではないか、とも考えられています。

カモノハシリュウの色々な形のトサカ

たとえば、中国で発見されたシャントゥンゴサウルス（山東竜）は、生きていたときの体重は、おとなでだいたい一六トンくらいの重さだったと推定されています。

そして、その大きな体をたもつためには、一日に二五〇キログラムくらいの食べものが必要だったのではないか、と計算されているのです。

骨の化石のそばには、巻貝や、カラス貝なども見つかっており、中国の古生物学者は、シャントゥンゴサウルスは、ひょっとしたら、

水にもぐって、そんな貝を食べたのではないか、と書いています。

水べにすむきょうりゅう

さいごに、この本のものがたりに登場した、アーケロンとダスプレトサウルス、それにデイノスクスについて、ふれておきましょう。

アーケロンは、パラサウロロフスとおなじころに、北アメリカにすんでいたカメです。

カメはヘビやワニとおなじように、きょう

アーケロンの復元模型

りゅうが、すっかりほろんでしまったあとも、ほろぶことなく、いまにいたるまで、ずっと地球上に子孫をのこしつづけてきたはちゅう類です。

アーケロンは「古代のカメ」という意味で、形もいまのウミガメに似ていました。しかし、大きさはこれまでのカメではもっとも大きくて、体長四メートル、重さは二トンもありました。

前足は長く、水かきのひれになっていました。うしろ足は前足にくらべて丸味をおび、

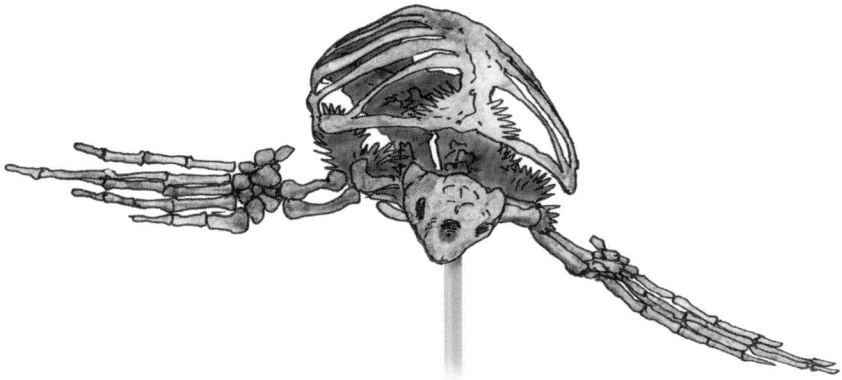

福井県立恐竜博物館に展示されているアーケロンの化石

尾は、長くてしっかりしていました。

およぎもすばやく、ものがたりにもあったように、おばけワニのデイノスクスのしゅうげきを、ものみごとにかわして、にげることもできたでしょう。

ただ、手足をこうらのなかにひきこむことができなかったようで、敵におそわれたらしい、ひれの欠けた化石も発見されています。

いっぽう、デイノスクスは「おそろしいワニ」という意味で、パラサウロロフスのいた白亜紀に、地球上にいた巨大なワニです。そ

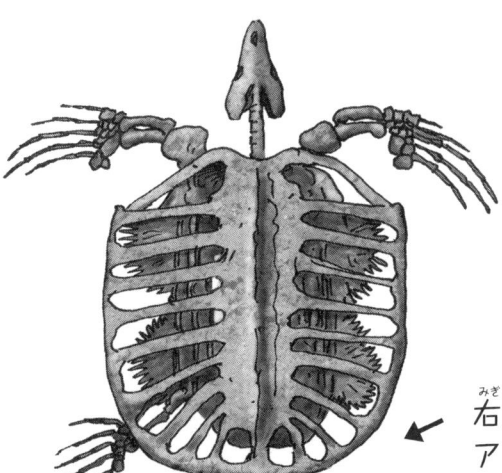

右足の欠けたアーケロンの化石

の骨はアメリカやヨーロッパで発見されています。

形は、いまのクロコダイルに似ていますが、大きさがだんぜんちがいます。体長は一五メートルもあるものもいたようで、沼やみずうみのほとりにすんで、えものをねらいました。

体の大きさでは、パラサウロロフスより、ずっと大きかったこのおばけワニは、水の中の魚はもちろんのこと、水べや水中の草を食べてくらしていた、カモノハシリュウたちをねらったことでしょう。

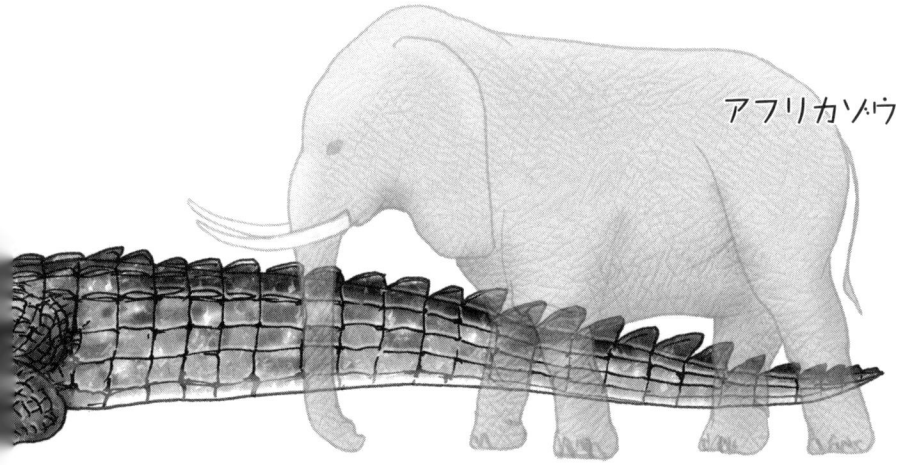

なにしろ、頭の長さだけでも二メートルほどもあるこのワニにおそわれたら、それこそパラサウロロフスは、ひとたまりもなくやられたにちがいありません。

まさに、水中ギャングにふさわしい、おそろしい相手でした。

パラサウロロフスなどのカモノハシリュウたちは、陸地にいるティラノサウルスやゴルゴサウルス、ダスプレトサウルスからうまくのがれ、水中ににげても、つぎには、このおそろしいギャングワニのデイノスクスが待ち

デイノスクスの復元模型

うけています。

たたかう武器を身につけていない、カモノハシリュウたちにとって、それこそ、どこにいても、あんしんできない毎日のくらしだったにちがいありません。

カモノハシリュウがいたころの北アメリカには、有名なティラノサウルスやゴルゴサウルス、アルバートサウルスとならんで、おそろしいあばれんぼうがいました。

それが、この本のものがたりに登場するダスプレトサウルス（「おそろしいトカゲ」と

ダスプレトサウルスの復元模型

体は小さめですが、ガッシリとした体型でした。

いう意味）です。

ダスプレトサウルスは、ゴルゴサウルスとおなじ、カナダのアルバータ地方から骨の化石が見つかりました。

体長は、およそ九メートルで、ティラノサウルスの一二メートルにくらべて、やや小さく、ゴルゴサウルスとおなじくらいの大きさで、形もゴルゴサウルスに似ています。

ナイフのようにするどくとがった歯をむき出して、おそいかかるすがたは、想像しただけでもおそろしく、パラサウロロフスたちに

ダスプレトサウルスの歯の化石

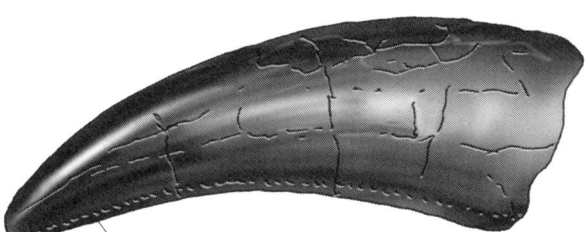

ティラノサウルスと同じように、
肉をきりさくためのギザギザがあります。

とっては、もっともいやな相手だったにちがいありません。

そこで、ものがたりでは、パラサウロロフスのめす（かあちゃん）が、自分の子どもをすくうために、ダスプレトサウルスに、ぶつかり、水の中に落ちたところを、みんなでやっつけるところをえがきました。

みなさんも、きっと大きな、はく手をおくってくださったことでしょう。

たかしよいち

1928年熊本県生まれ。児童文学作家。壮大なスケールの冒険物語、考古学への心おどる案内の書など多くの作品がある。主な著作に『埋ずもれた日本』（日本児童文学者協会賞）、『竜のいる島』（サンケイ児童図書出版文化賞・国際アンデルセン賞優良作品）、『狩人タロの冒険』などのほか、漫画の原作として「まんが化石動物記」シリーズ、「まんが世界ふしぎ物語」シリーズなどがある。

中山けーしょー

1962年東京都生まれ。本の挿絵やゲームのイラストレーションを手がける。主な作品に、小前亮の「三国志」シリーズ、「逆転！痛快！日本の合戦」シリーズなどがある。現在は、岐阜県在住。

◇本書は、2001年10月に刊行された「まんがなぞとき恐竜大行進 12 のんきだぞ！パラサウロロフス」を、最新情報にもとづき改稿し、新しいイラストレーションによってリニューアルしました。

新版なぞとき恐竜大行進

パラサウロロフス なぞのトサカをもつ恐竜

2017 年 4 月初版
2023 年 2 月第 2 刷発行

文　たかしよいち
絵　中山けーしょー
発行者　鈴木博喜
発行所　株式会社理論社
〒101-0062 東京都千代田区神田駿河台 2-5
電話［営業］03-6264-8890［編集］03-6264-8891
URL https://www.rironsha.com

企画 …… 山村光司
編集・制作 … 大石好文
デザイン …… 新川春男（市川事務所）
組版 …… アズワン
印刷・製本 … 中央精版印刷
制作協力 …… 小宮山民人

©2017 Taro Takashi, Keisyo Nakayama Printed in Japan
ISBN978-4-652-20198-5 NDC457 A5変型判 21cm 86P

落丁・乱丁本は送料小社負担にてお取り替え致します。
本書の無断複製（コピー、スキャン、デジタル化等）は著作権法の例外を除き禁じられています。私的利用を目的とする場合でも、代行業者等の第三者に依頼してスキャンやデジタル化することは認められておりません。

遠いとおい大昔、およそ1億6千万年にもわたって
たくさんの恐竜たちが生きていた時代——。
かれらはそのころ、なにを食べ、どんなくらしをし、
どのように子を育て、たたかいながら……
長い世紀を生きのびたのでしょう。
恐竜なんでも博士・たかしよいち先生が、
新発見のデータをもとに痛快にえがく

「なぞとき恐竜大行進」シリーズが、
新版になって、ゾクゾク登場!!

新版 なぞとき 恐竜大行進

第Ⅰ期 全5巻

①フクイリュウ　福井で発見された草食竜
②アロサウルス　あばれんぼうの大型肉食獣
③ティラノサウルス　史上最強！恐竜の王者
④マイアサウラ　子育てをした草食竜
⑤マメンチサウルス　中国にいた最大級の草食竜

第Ⅱ期 全5巻

⑥アルゼンチノサウルス　これが超巨大竜だ！
⑦ステゴサウルス　背びれがじまんの剣竜
⑧アパトサウルス　ムチの尾をもつカミナリ竜
⑨メガロサウルス　世界で初めて見つかった肉食獣
⑩パキケファロサウルス　石頭と速い足でたたかえ！

第Ⅲ期 全5巻

⑪アンキロサウルス　よろいをつけた恐竜
⑫パラサウロロフス　なぞのトサカをもつ恐竜
⑬オルニトミムス　ダチョウの足をもつ羽毛恐竜
⑭プテラノドン　空を飛べ！巨大翼竜
⑮フタバスズキリュウ　日本の海にいた首長竜